小小牛顿 科学启蒙 —大百科—

小老鼠地下大闯关

牛顿出版股份有限公司 / 编著

U0166293

宝贵的
地球家园

外语教学与研究出版社
北京

小老鼠找朋友

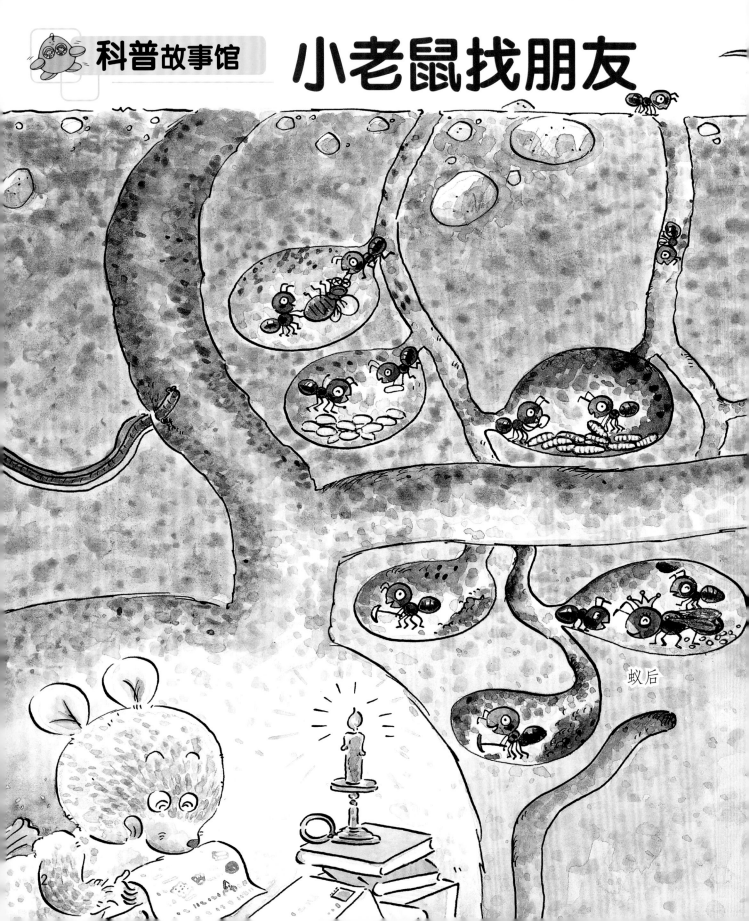

蚁后

蛴螬（qí cáo，又叫鸡母虫）

鼹（yǎn）鼠

胡蜂

有一天，住在乡下的老鼠珍珍收到一封信，是它刚搬到城里的朋友阿明寄来的。阿明想请珍珍到它的新家去吃蛋糕。珍珍和邻居们道别后，就出发了。

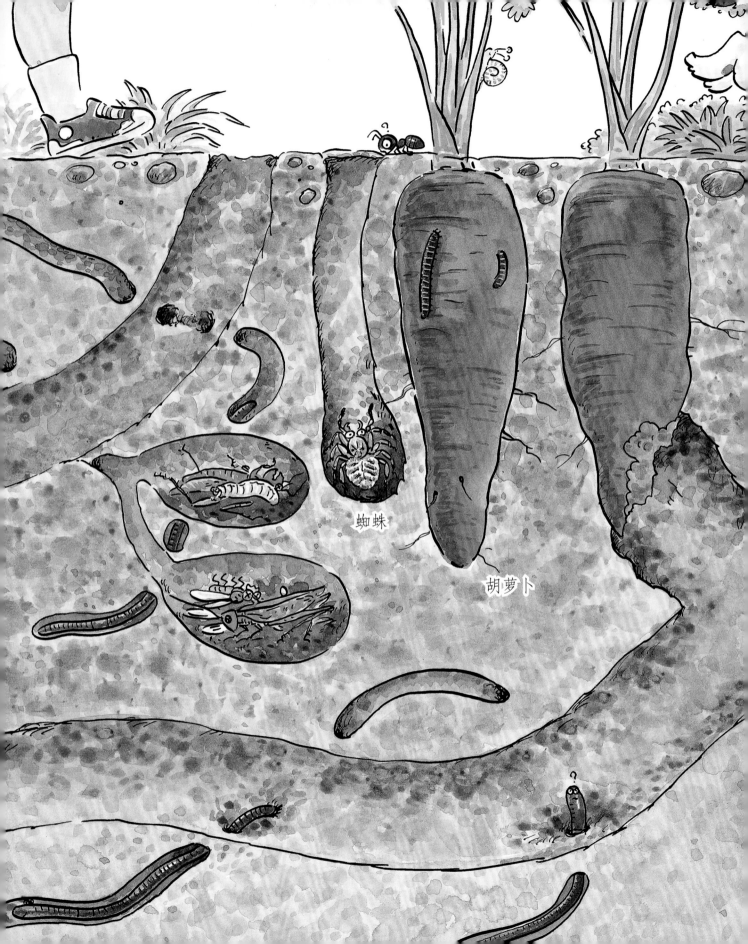

蜘蛛

胡萝卜

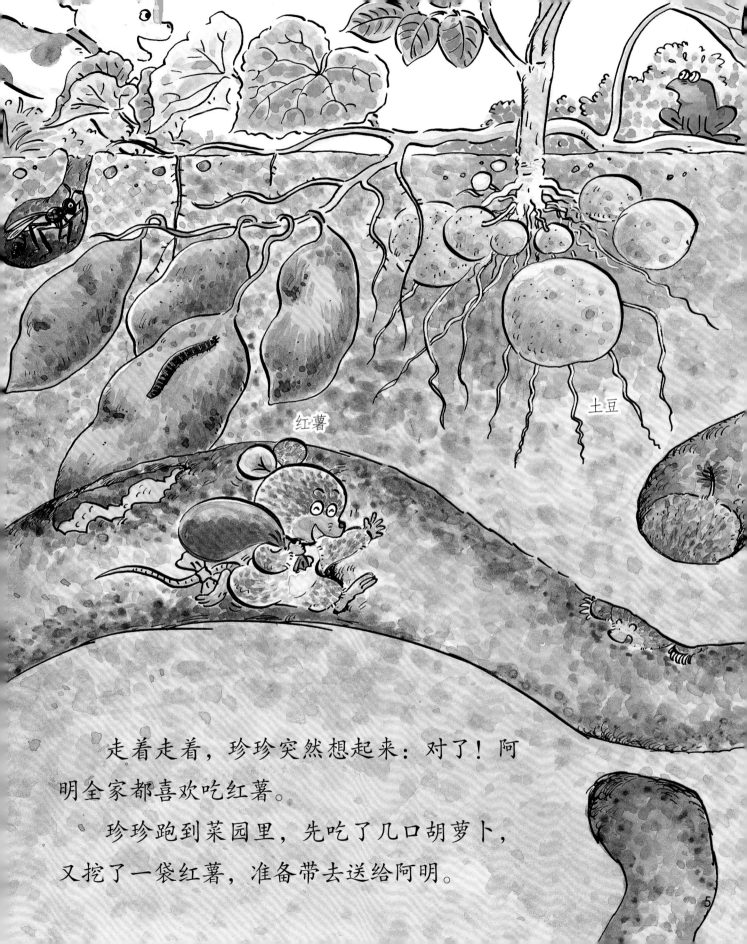

红薯

土豆

走着走着，珍珍突然想起来：对了！阿明全家都喜欢吃红薯。

珍珍跑到菜园里，先吃了几口胡萝卜，又挖了一袋红薯，准备带去送给阿明。

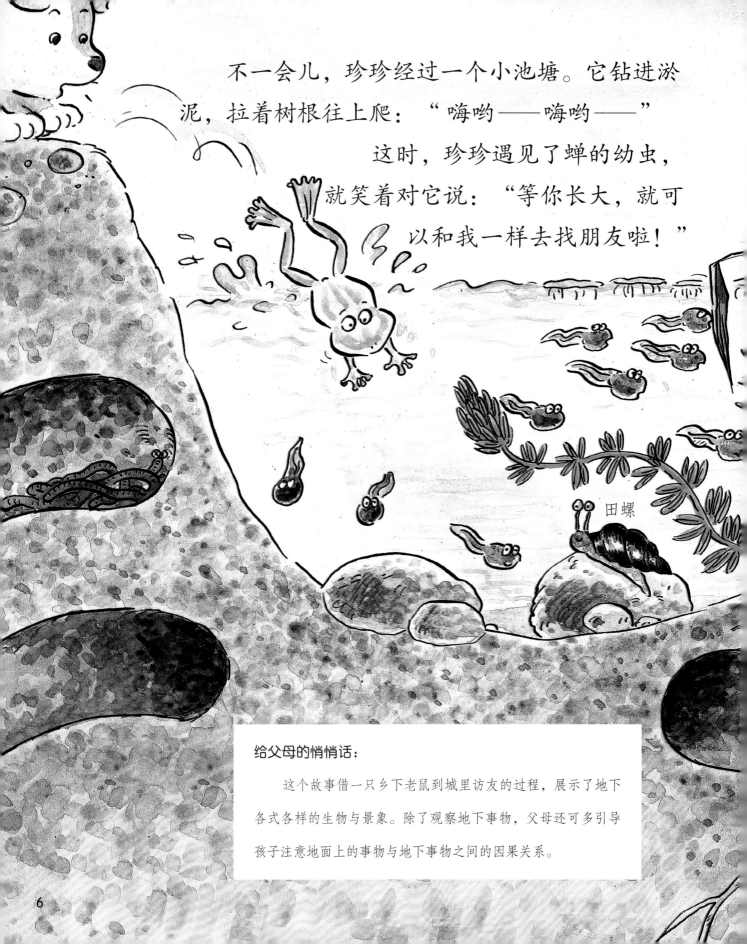

不一会儿，珍珍经过一个小池塘。它钻进淤泥，拉着树根往上爬："嗨哟——嗨哟——"

这时，珍珍遇见了蝉的幼虫，就笑着对它说："等你长大，就可以和我一样去找朋友啦！"

田螺

给父母的悄悄话：

　　这个故事借一只乡下老鼠到城里访友的过程，展示了地下各式各样的生物与景象。除了观察地下事物，父母还可多引导孩子注意地面上的事物与地下事物之间的因果关系。

蜉蝣（fú yóu）

蜈蚣

水虿（chài）

蝉的幼虫

蝉的幼虫

蝉（知了猴）的幼虫

7

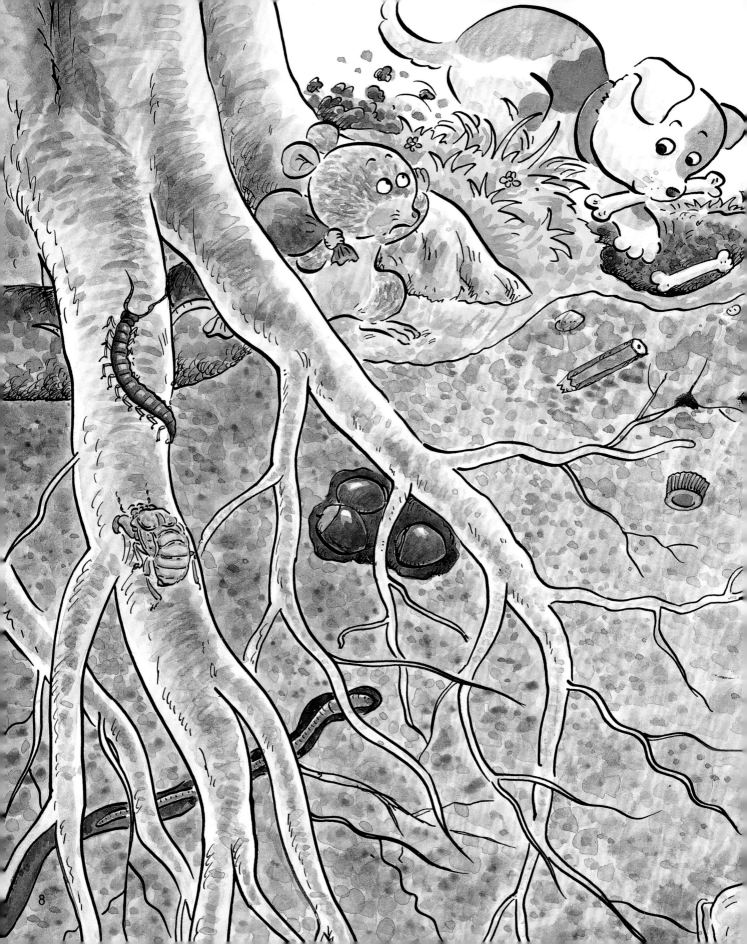

"呼——终于爬上来了，真不容易呀！"珍珍正想休息一下，却看见一只狗瞪着它，吓得珍珍赶快钻回土里。珍珍叹了口气，说："唉！土里怎么有这么多垃圾呢？"

电缆分接箱地基

蓄水池

　　走呀走呀，珍珍发觉地下的景物变得完全不一样了！珍珍心想：这么多硬硬的管子，一定是有人住在上面，我得小心一点。

　　珍珍躲在水沟旁观察，果然看到房内有人居住。

燃气管

污水管

化粪池

11

珍珍从水沟爬进水管，再沿着水管进入地下人行通道的排水沟："哇，这个地下通道好热闹呀！"

水管

抽水泵

服务台

欢迎

珍珍走出地下通道后迷了路："这是哪里？这些四只脚的东西是什么？"这时，它遇到了一只住在这里的老鼠。这只老鼠告诉它："这里是'停车场'，这些四只脚的东西叫'汽车'，你的朋友阿明就住在隔壁。"

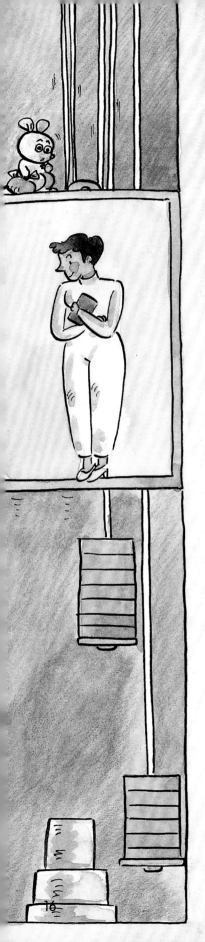

　　珍珍一想到快要见到朋友了，就高兴得跑了起来！这下它被一个小朋友发现了："啊！有老鼠！"

　　珍珍吓了一跳，赶快冲进了面包店的地下室，气喘吁吁地喊道："呼——好险呀！"

　　幸运的是，珍珍要找的好朋友阿明就住在这间地下室里。阿明听到珍珍的声音，和全家人一起跑出来迎接它："珍珍，欢迎你来我们家！"

地底下有什么

泥土里，黑压压，
没有叶，没有花，
有萝卜，有地瓜，
还有蚯蚓在挖挖挖。

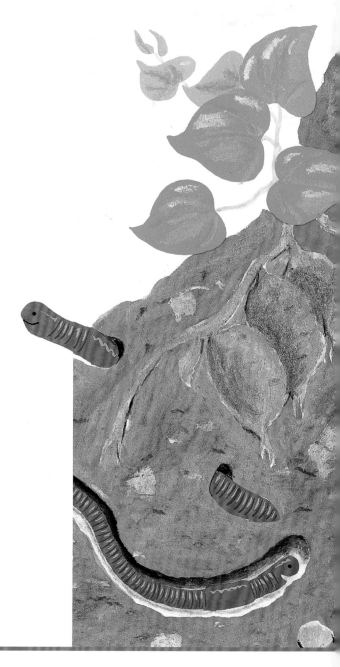

给父母的悄悄话：

很多人唱歌时，拍子时快时慢，节拍器能帮助

唱歌者稳定节拍，从而保持节奏的稳定。

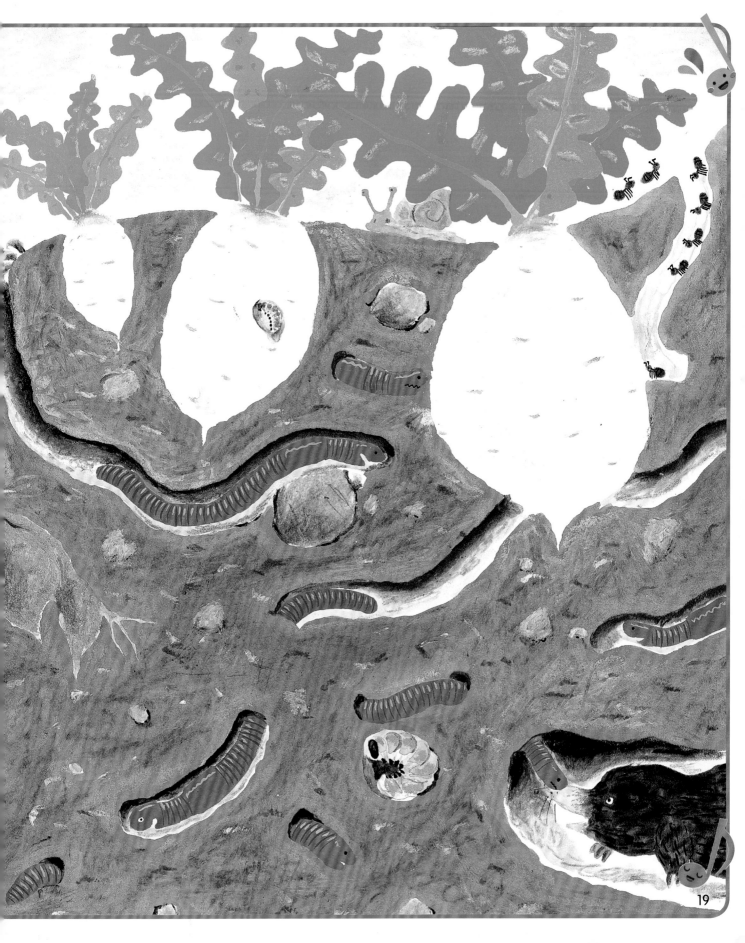

我爱做实验

纸张变变变

哈哈！纸发出声音了，真有趣！

把纸卷成长筒状，放在耳边，能听到什么声音吗？

把纸筒卷粗一点，声音会变大吗？

纸张有不同玩法，快根据步骤图试试看吧！

纸拍的做法：

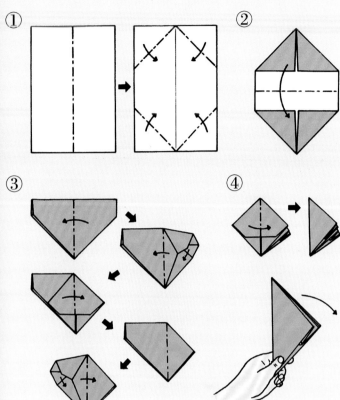

纸笛子的做法：

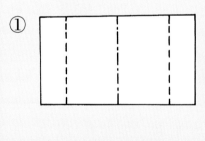

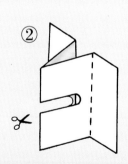

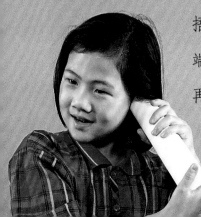

捂住纸筒的一端，慢慢放开再捂起来。

注意听，声音有什么变化？

不同折法的
纸飞机，不但形
状不同，飞行的
路线也不一样。

平头飞机会不会
飞得比较远？

尖头飞机是不是飞得
比较快？

纸飞机的做法：

尖头飞机   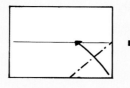 ➡ 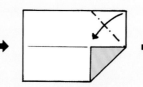 ➡ 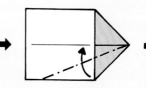 ➡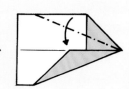

平头飞机   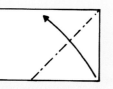 ➡ ➡ 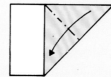 ➡ ➡ 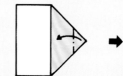 ➡ ➡

转弯啦！

平头飞机速度不快，
但是会转弯。

尖头飞机飞得又直又快。

两架飞机叠在
一起，会不会
飞得又快又远？
快试试看吧。

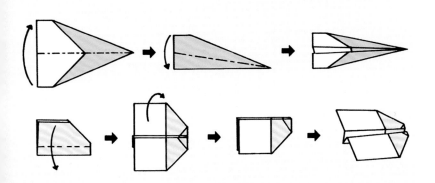

给父母的悄悄话：

　　纸张是随手可得的素材，可以变换出很多玩法。前面介绍了纸卷筒、纸拍、纸笛子的玩法，以及两种纸飞机的折叠方法。父母可以和孩子试着折出不同样式的纸飞机，比较它们飞行的距离、速度等。

23

爱画画的小杰

小杰特别喜欢画画。这一天，小杰又在客厅里画个不停。

"我要画恐龙，画大大的恐龙，画世界上最大最大的恐龙。"小杰一边画，一边开心地说。

画着画着，小杰画到了图画纸外，画到了桌面上。不过，他还是觉得画面不够大，于是干脆趴在地板上画了起来。

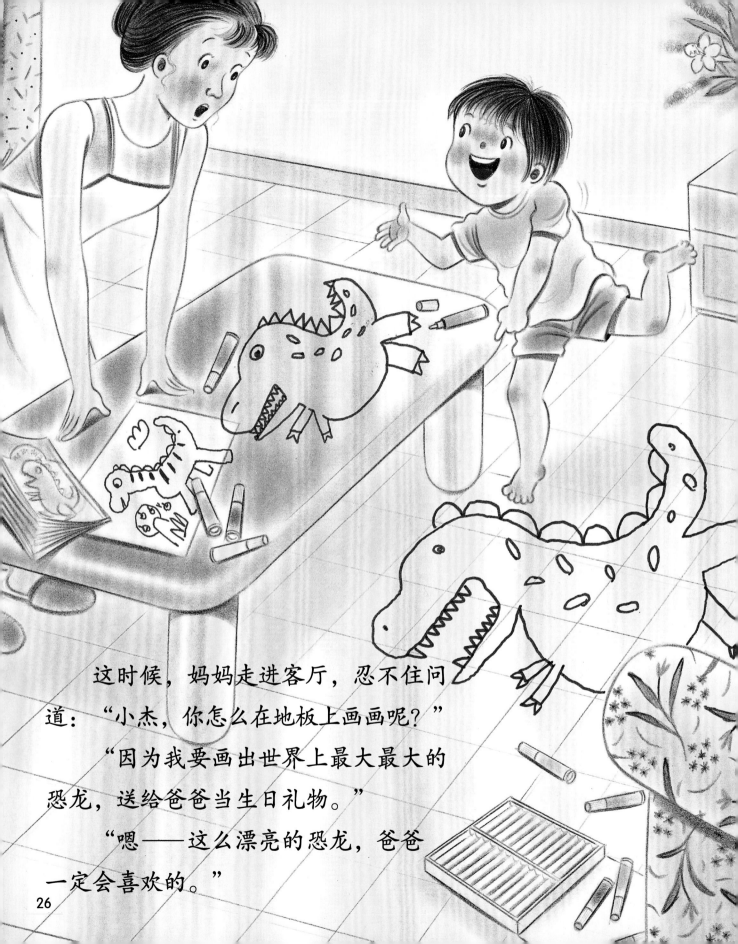

　　这时候，妈妈走进客厅，忍不住问道："小杰，你怎么在地板上画画呢？"

　　"因为我要画出世界上最大最大的恐龙，送给爸爸当生日礼物。"

　　"嗯——这么漂亮的恐龙，爸爸一定会喜欢的。"

听了妈妈的话，小杰高兴得手舞足蹈。没想到，他一不小心，踩花了地板上的恐龙图案。

"哎呀——踩花了！"

"好可惜！那怎么把它送给爸爸呢？"

"如果可以画在很大很大的纸上就好了。可惜，我们没有那么大张的纸。"

"我们一起想想办法吧！"

"好，哪里有那么大的纸呢？"

妈妈陪小杰坐在地上想办法："小杰，数数看，你画了几块地砖？"

　　"我数数……哇！总共画了二十多块。"

　　"嗯——这只恐龙真大呀！"

　　"妈妈，我想到了，找好多张纸来，像地砖一样拼在一起，就变成一张大纸啦！"

　　"嗯——这是个好办法。"

　　小杰找来好多张纸，一张张粘贴在一起，变成一张好大好大的纸。

　　"哇！这么大的纸，一定可以画出世界上最大的恐龙。"小杰高兴地把纸铺在地上，兴致勃勃地画起来。

不一会儿，小杰又画了一只恐龙，比地板上的恐龙更大、更漂亮。画好后，妈妈和小杰一起把它贴在了墙上。

　　"爸爸回来一看，一定会很高兴。"小杰得意地说。

　　"如果你再把地上的东西都清理干净，爸爸知道了一定更高兴，他还会夸小杰很能干！"妈妈细心地提醒小杰。

　　小杰高兴地边看墙上的恐龙，边收拾画笔，之后又和妈妈用抹布把地板擦得干干净净。

爸爸，我爱你。

给父母的悄悄话：

　　画画对孩子而言，是表达内心所思所想、宣泄情绪、锻炼手部肌肉的绝佳方式。当孩子尽情创作时，他们很容易忽略成人眼中的规范——如不要在桌子上、墙上、地板上画画等。这时，父母应该怀着理解、体谅孩子的心情和孩子好好沟通，并引导孩子学习如何善后。这样一来，不仅可以增进亲子关系，还能让孩子懂得做事要守规矩、负责任。

章鱼

"敌人来了，快逃呀！"

章鱼是一种很胆小的动物，除了寻找食物，它们很少攻击其他动物。当天敌出现时，章鱼只会赶快逃跑。

海鳗

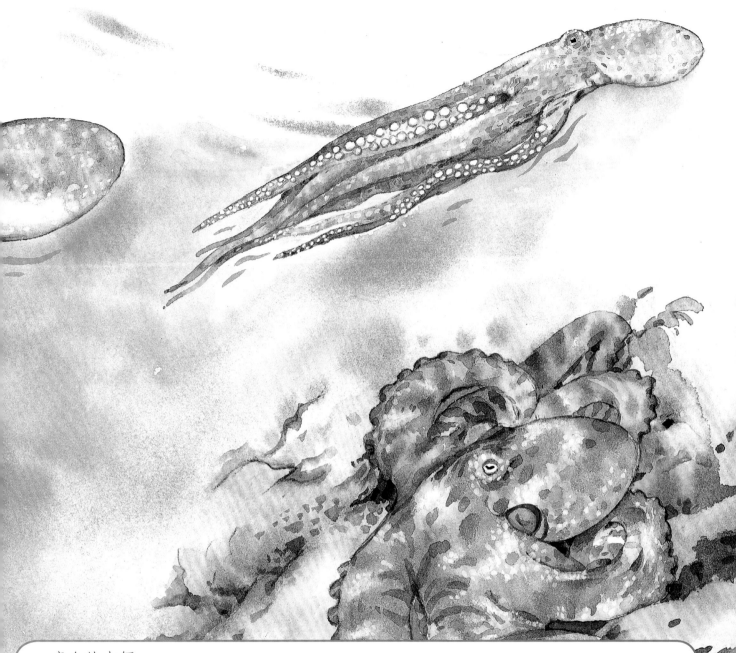

章鱼的本领

吐墨汁，遮挡敌人视线。

漏斗

从漏斗喷水，快速逃跑。

变色，让天敌不容易发现它。

"哈哈！抓到一条鱼，可以大吃一顿了。"

章鱼会利用八条腕和腕上的吸盘抓鱼，然后将鱼放进嘴里，慢慢地吃。

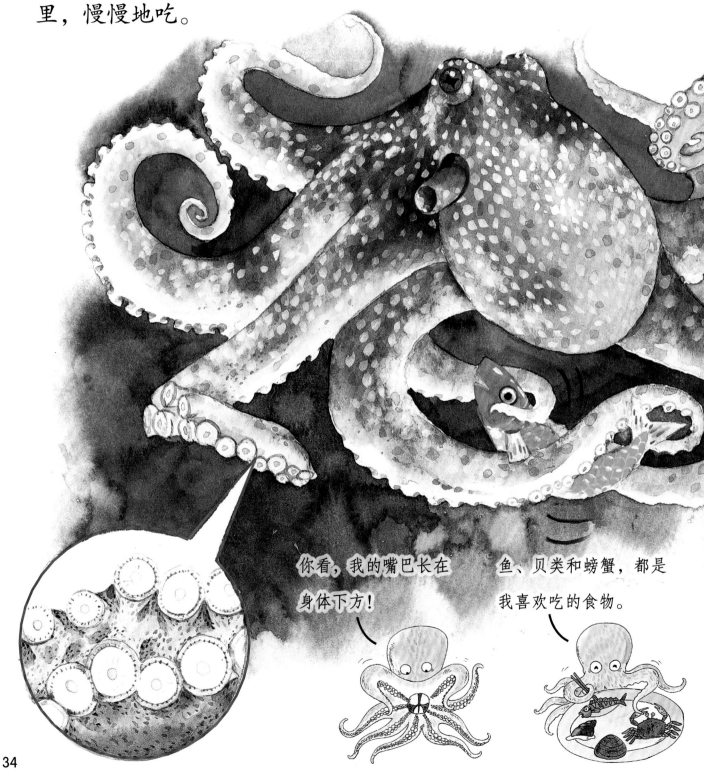

你看，我的嘴巴长在身体下方！

鱼、贝类和螃蟹，都是我喜欢吃的食物。

章鱼很喜欢躲在洞里。它全身软软的，没有骨头，能钻进很小的洞里去。

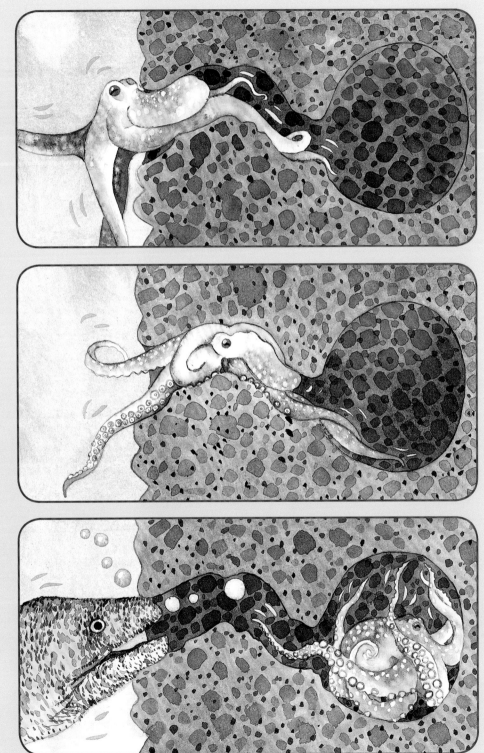

雄章鱼和雌章鱼通过交配繁衍后代。产卵后，雌章鱼会将卵一串一串地挂在石壁上，使干净的海水流经卵串，让卵保持清洁。为了保护卵，雌章鱼通常会停止外出觅食，寸步不离地守护着它的宝宝。

雄章鱼有一条特殊的交接腕。雌雄章鱼交配时，雄章鱼会将交接腕伸入雌章鱼体内。

交配成功后，雄章鱼的交接腕顶端会断掉，留在雌章鱼体内。

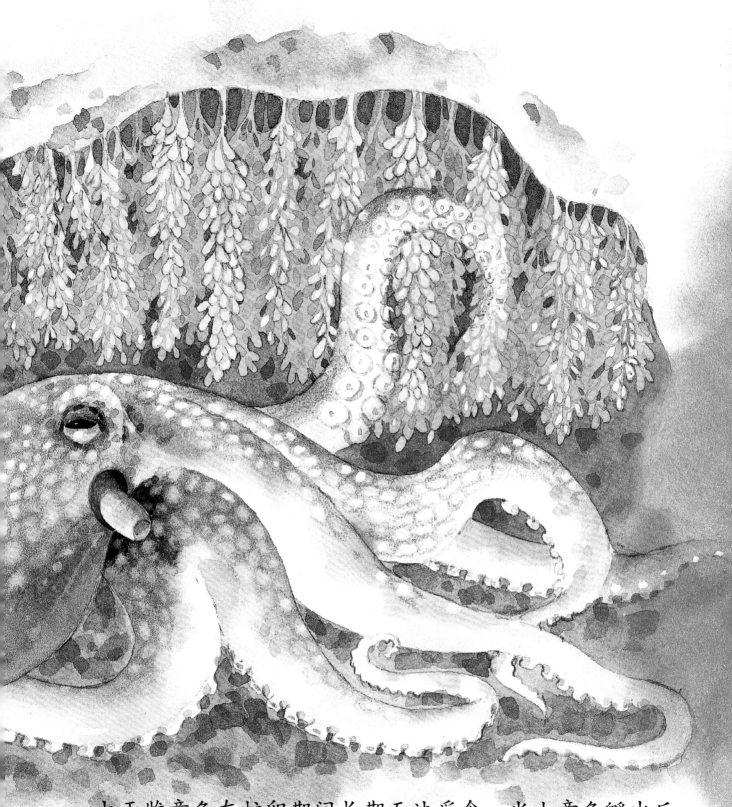

由于雌章鱼在护卵期间长期无法觅食，当小章鱼孵出后，雌章鱼常因精疲力竭而死亡！

几个月后，小章鱼就孵出来了！它们会躲进珊瑚礁独立生活，利用天生的本领捕食、躲藏和逃跑，然后慢慢长大。

给父母的悄悄话：

章鱼长相凶恶，所以常给人留下残暴的印象，其实它非常害羞，并不像冒险小说里描述的那么可怕。章鱼属于软体动物，没有硬壳保护自己，所以一旦遇到敌人攻击，就会赶快溜之大吉。

为什么星星有亮有暗

天上的星星，有的看起来很亮，有的看起来很暗，原因之一是每颗星星和地球的距离不同。离地球近的星星，看起来比较亮；离地球远的星星，看起来比较暗。

我们可以做一个实验，拿两个同等亮度的手电筒，放在距离不同的位置。这样我们就会发现，距离我们较近的手电筒发出的光比较亮，距离我们较远的手电筒发出的光比较暗。

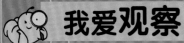

洋紫荆

花香清幽的洋紫荆，花瓣很鲜艳，叶片的形状很像羊蹄，非常容易辨认。洋紫荆是豆科植物，生长速度快，花期长，凋谢后会长出绿色的豆荚。种子成熟后，豆荚变黄、变干。豆荚裂开的弹力可以把种子弹出去。